Silke Kobold

Weihnachtsstickerei

im Kreuzstich

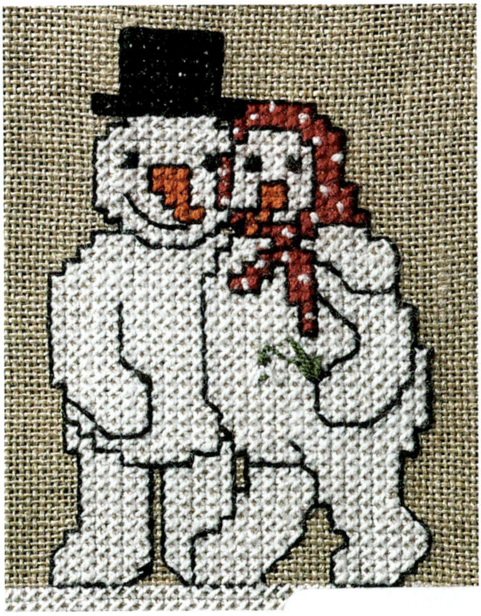

frechverlag

Von Silke Kobold sind im frechverlag zahlreiche weitere Titel erschienen. Hier eine Auswahl:

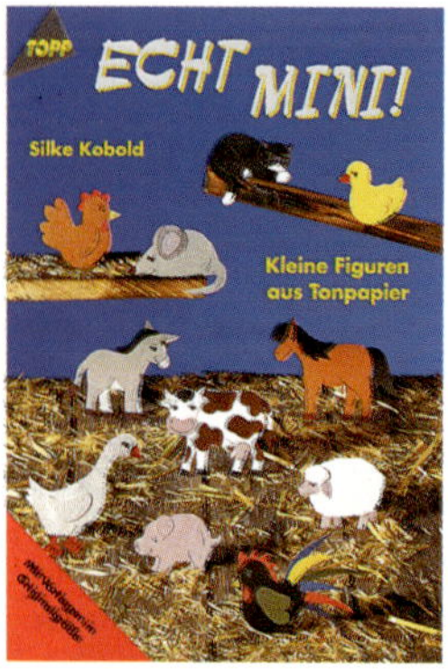

TOPP 2182

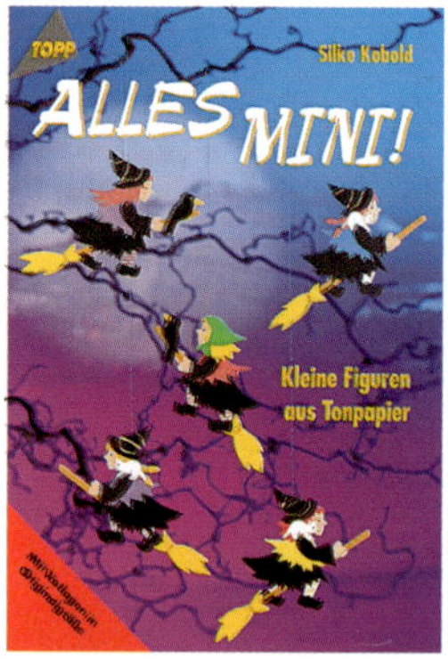

TOPP 2347

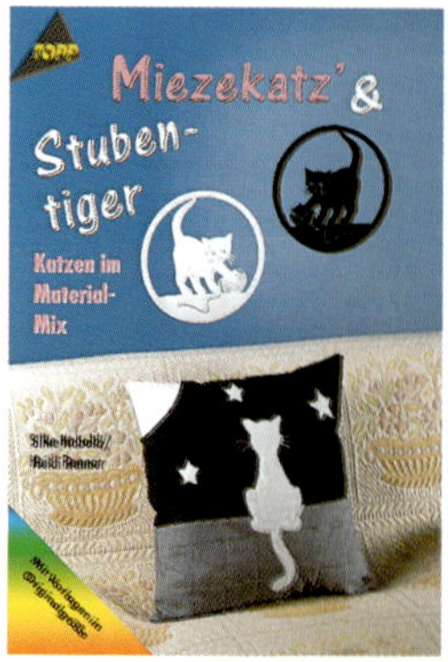

TOPP 2363

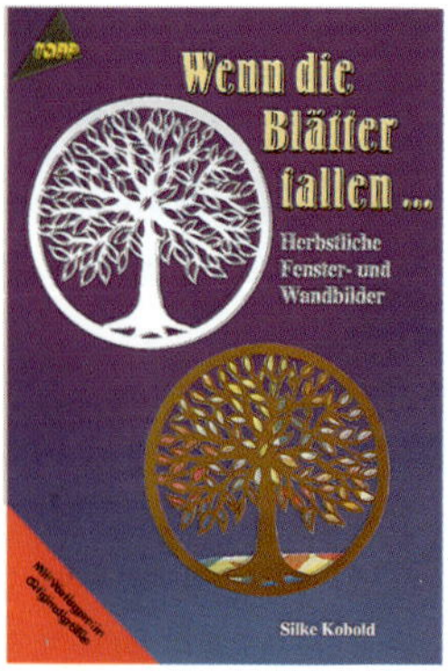

TOPP 2233

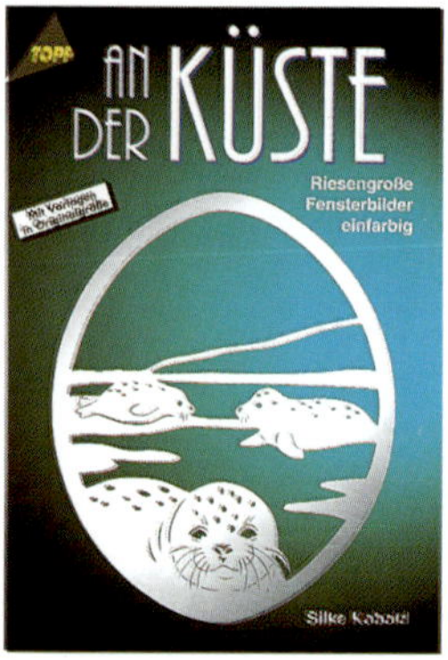

TOPP 2008

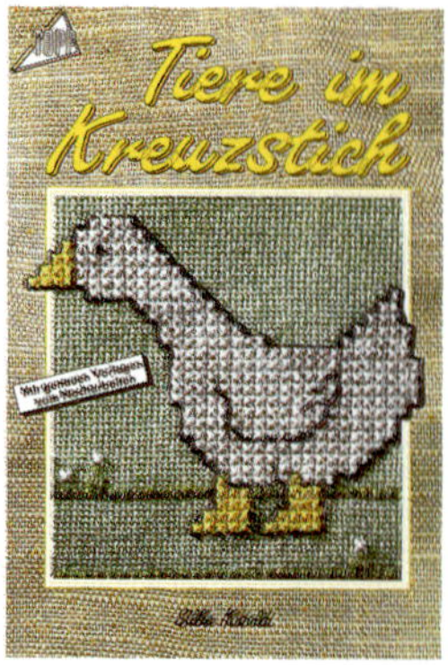

TOPP 1713

Fotos: frechverlag GmbH + Co. Druck KG, 70499 Stuttgart;
Fotostudio Weisensel, Stuttgart

Dieses Buch enthält: 2 Vorlagenbogen

Auflage: 5. 4. 3. 2. 1. | Letzte Zahlen
Jahr: 2002 2001 2000 1999 98 | maßgebend

ISBN 3-7724-2382-5 · Best.-Nr. 2382
Druck: frechverlag GmbH + Co. Druck KG, 70499 Stuttgart

Kreuzstich ist eine alte Sticktechnik, die immer mehr Freunde findet. Gerade wenn es draußen kälter wird und die Abende länger werden, sitzt man gemütlich zu Hause und fertigt in Erwartung der nahenden Advents- und Weihnachtszeit Dinge, die man verschenkt oder mit denen man die eigene Wohnung verschönt.

In diesem Buch finden Sie winter- und weihnachtliche Stickmotive, die in sehr kurzer Zeit nachzuarbeiten sind und die besonders auch Anfängerinnen einen schnellen und befriedigenden Erfolg versprechen. Einige Motive erfordern auch etwas Geduld und Zeitaufwand.
Mit einer hellen Lampe hinter sich können Sie dann das eine oder andere Weihnachtsgeschenk anfertigen oder Dekorationen für Ihre eigene Wohnung herstellen.

Viel Muße dabei wünscht Ihnen
Silke Kobold

Kreuzstich - so wird's gemacht

Alle Motive in diesem Buch wurden hauptsächlich im Kreuzstich gestickt. Hilfestellung für die Ausführung der einzelnen Arbeiten finden Sie hier (Sticktechnik), auf Seite 7 (Stichskizzen) und auf dem Vorlagenbogen, auf dem sich die Stickvorlagen mit Farbangaben befinden. Die Angaben für spezielle Materialien und Werkzeuge werden im Anleitungstext der jeweiligen Beschreibung gemacht. Wenn Sie andere Materialien verwenden möchten, müssen Stoff- und ggf. auch Rahmengröße neu berechnet werden.

Die Motive, die Sie in diesem Buch sehen, lassen sich grundsätzlich auch für andere als die hier gezeigten Verwendungen gebrauchen.
So können Sie z. B. Teile aus dem Mustertuch „Dezember" (Seite 11) für Karten oder kleine Bilder oder die Borten (Seite 13) für Tischläufer verwenden.

Stich für Stich

Ein gleichmäßiges Stickbild ist für den Gesamteindruck des Motivs sehr entscheidend. Deshalb sollten alle Kreuzstiche zur gleichen Seite hin, entweder senkrecht oder waagrecht, ausgerichtet sein (siehe Zeichnung Seite 7). Eine Ausnahme davon ist der halbe Kreuzstich. Auf der Zeichnung Seite 7 sehen Sie, wie der waagrechte und der senkrechte Kreuzstich, der Knötchenstich sowie der Konturenstich ausgeführt werden.

Wenn bei einem Motiv Stiche auszuführen sind, die sich nicht aus dem Stickmuster herauslesen lassen, so werden diese neben der Stickmusterzeichnung extra erwähnt. Dies ist z. B. bei dem kleinen Bild „Weihnachtsmann mit Esel" bei den Schneeflocken der Fall (Seite 22/23).

Einfügen von Namenszügen

Für das Einfügen von Namenszügen z. B. bei Handtüchern (Seite 13) empfehle ich folgende Vorgehensweise:
Übertragen Sie die gewünschten Buchstaben mit den entsprechenden Abständen (2 oder 3 Kästchen) vom Vorlagenbogen mit Bleistift auf kariertes Papier. Durch Auszählen der Kästchen bestimmen Sie die Mitte des Namenszuges und markieren diesen durch einen senkrechten Strich. Legen Sie dann auch die senkrechte Mitte des zu bestickenden Bandes fest, und beginnen Sie unter Berücksichtigung eines gleichmäßigen Abstandes zur Ober- und Unterkante von der Mitte ausgehend jeweils zur rechten und linken Seite hin mit dem Einsticken des Namens.
Wenn Sie, wie beim Platzdeckchen auf Seite 26/27, den Namen senkrecht aufsticken möchten, sollten Sie zuvor die Gesamtzahl der benötigten Kästchen auszählen und prüfen, ob der zur Verfügung stehende Platz ausreicht. Gegebenenfalls können Sie einen Teil des Musters weglassen oder, z. B. bei sehr langen Namen, den Schriftzug

rechts neben das obere waagrechte Muster sticken.

Stickstoffe

Bei den Anleitungen der einzelnen Motive finden Sie jeweils genaue Angaben zu Art und Größe des verwendeten Stickstoffes. 10er Leinen bedeutet z. B., daß auf einem Zentimeter Stoff zehn Webfäden vorhanden sind.

Anfängerinnen sollten darauf achten, einen gleichmäßig gewebten Stoff zu verwenden, da dieser sich leichter verarbeiten läßt.

Beim Kauf sollten Sie bedenken, welche Verwendung das fertige Stück finden soll. So kann man für Bilder oder Karten durchaus auf etwas preisgünstigere Stoffe, evtl. auch Mischgewebe zurückgreifen. Alle Stickstoffe, die für Wäschestücke oder ähnliches benötigt werden, müssen aber entsprechende Waschtemperaturen aushalten. Lassen Sie sich im Fachhandel beraten. Wenn Sie andersgewebte Stoffarten als die hier aufgeführten verwenden möchten, bedenken Sie bitte, daß sich dann auch die angegebenen Maße für Rahmen etc. verändern.

Stickgarne

In den meisten Handarbeitsgeschäften können Sie unter verschiedenen Garnsorten wählen. Die Motive in diesem Buch wurden ausschließlich mit sehr dünnem Garn gearbeitet. Wenn Sie dickere Garne verwenden möchten, muß auch der Stoff entsprechend grobfädiger gewebt sein. Für Stickmotive auf Wäschestücken (z. B. Geschirrhandtuch) sollten Sie sich für Garne entscheiden, die bis 60° waschbar sind.

Sticken auf Wäschestücken

Bei Stickmotiven, die auf Wäsche, z. B. Handtücher, aufgebracht werden sollen, werden alle Stoffe und Borten vor dem Besticken zunächst abgekettelt und dann gewaschen. Wählen Sie immer die Waschtemperatur, mit der die Wäsche später gewaschen wird. Dies empfiehlt sich besonders bei roten Stoffen, die Sie sicherheitshalber mehrmals vorwaschen sollten, damit später die Stickereien nicht eingefärbt werden. Nach dem Waschen werden die Stoffe und Borten am besten noch in feuchtem Zustand gebügelt. So lassen sich die entstandenen Falten gut ausgleichen.

Borten erhalten Sie in verschiedenen Breiten und Ausführungen als Meterware. Messen Sie bitte vor dem Kauf die gewünschte Länge aus, und geben Sie ca. 8 cm hinzu, da die Bänder durch das Waschen etwas einlaufen und außerdem mindestens 1 cm Umschlag an jeder Seite für das Aufnähen benötigt wird.

Kreuzstich - so wird's gemacht

Stickmotive für Karten und Bilderrahmen

Die Stoffgröße für ein zu rahmendes Bild sollte immer eher großzügig berechnet werden, damit Spielraum für eine Anpassung an verschiedene Rahmenvarianten bleibt.

Stickmotive für Karten oder Bilderrahmen sollten vorsichtig gedämpft werden. Achtung: Legen Sie zum Schutz des Goldfadens bitte immer ein Tuch dazwischen, und stellen Sie die Bügeltemperatur nicht zu hoch ein.

Im Fachhandel kann man sehr hübsche, unverglaste Holzrahmen erstehen. Diese eignen sich aber nur dann zum Präsentieren von Stickarbeiten, wenn sie eine feste Rückwand, möglichst aus Holz, besitzen, mit der das Motiv in den Rahmen gespannt werden kann.

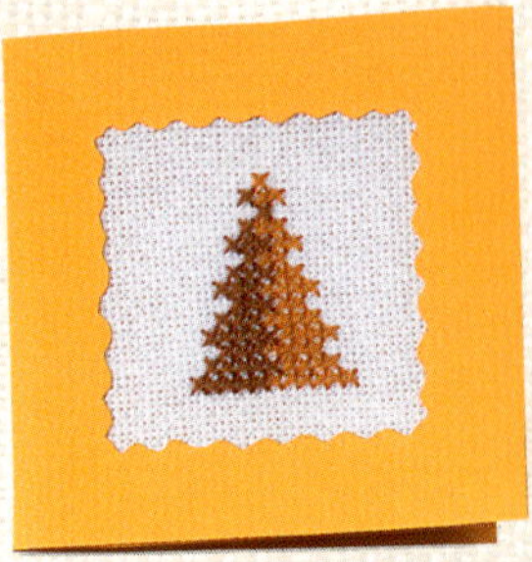

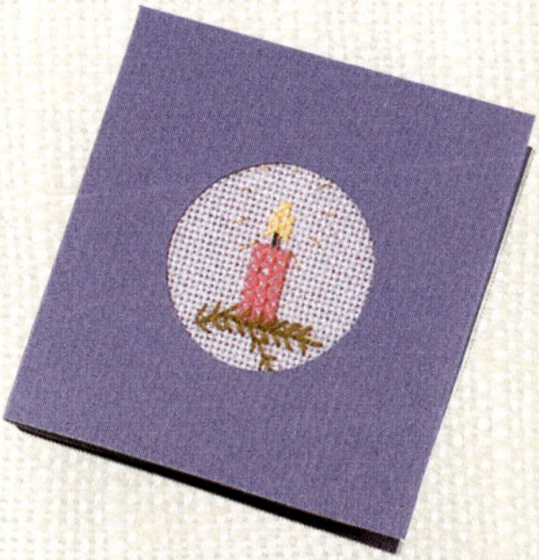

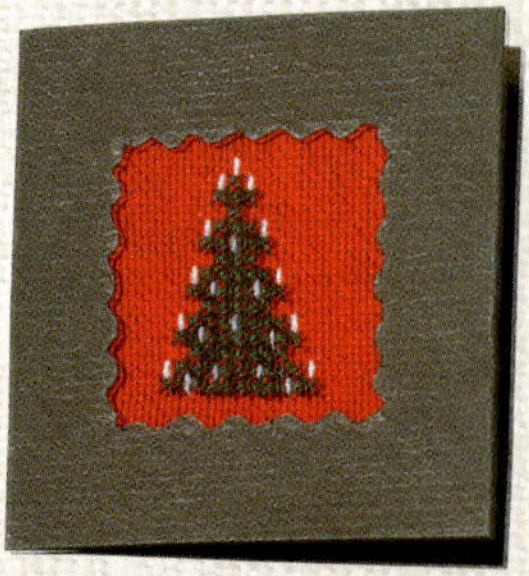

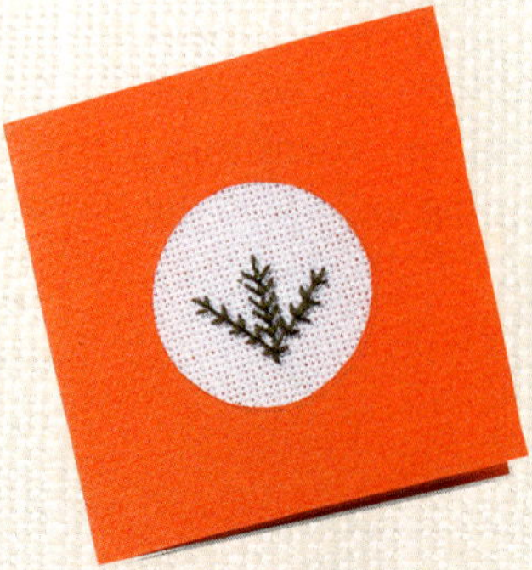

halber Kreuzstich

zwei halbe Kreuzstiche

versetzter Kreuzstich

doppelt gesticktes Kreuz

× Kreuzstich über einen Faden

+ gerade gesticktes Kreuz

Knötchenstich

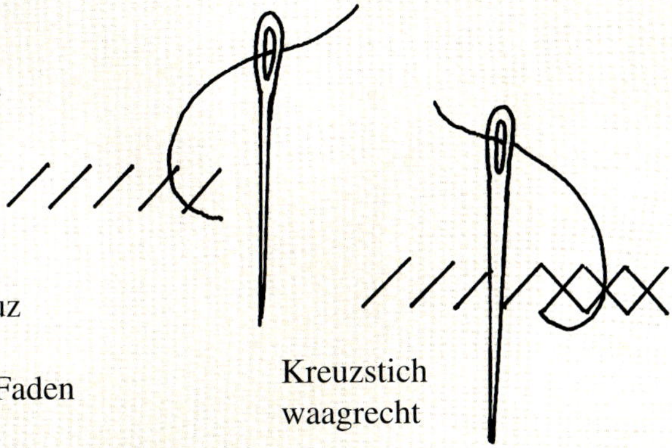

Kreuzstich waagrecht

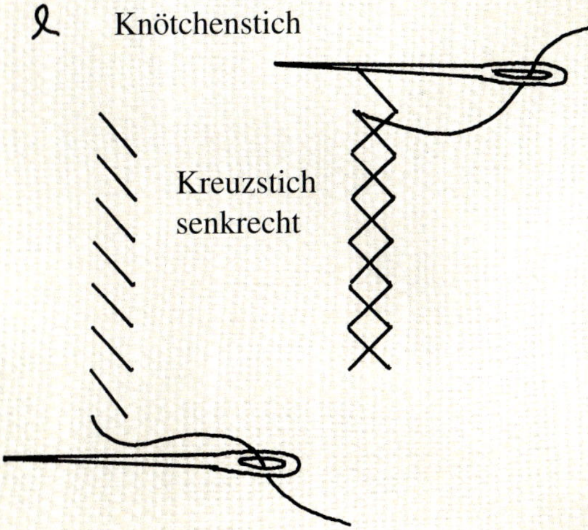

Kreuzstich senkrecht

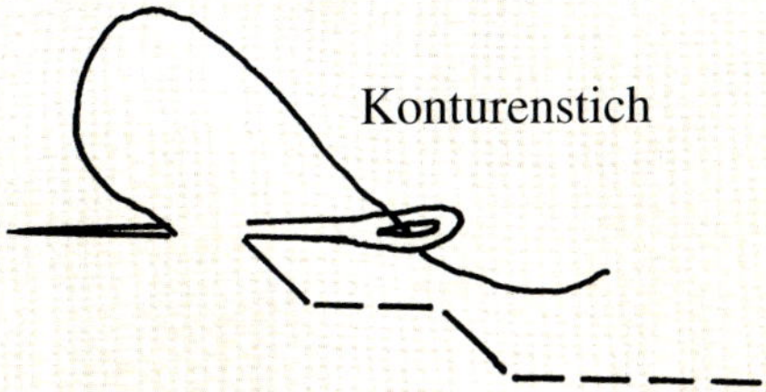

Konturenstich

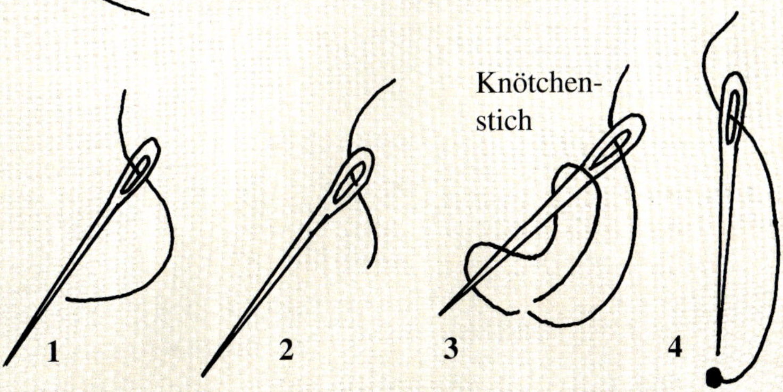

Knötchenstich

Material und Werkzeug

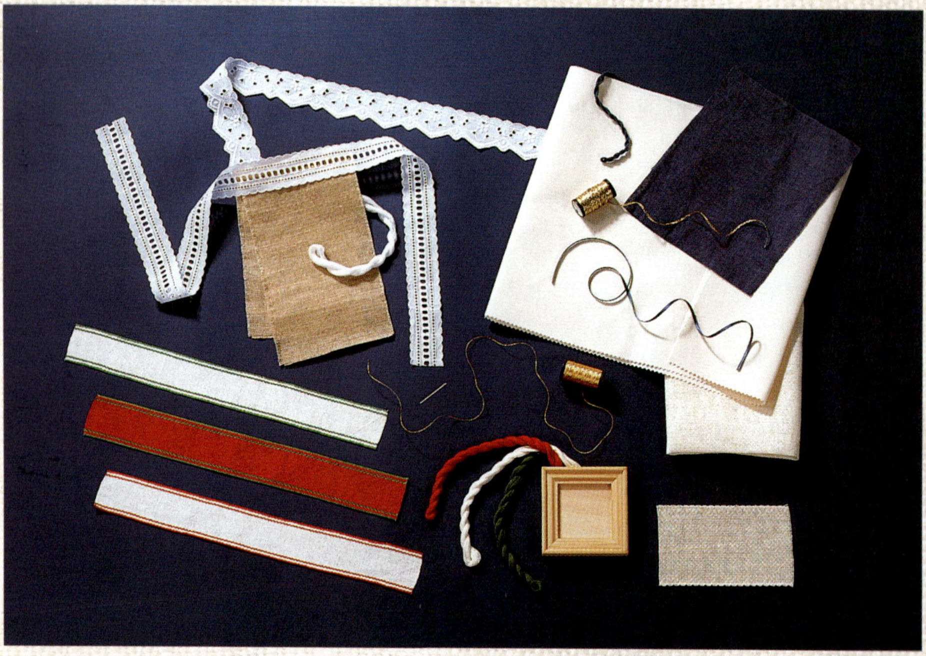

Für alle Arbeiten benötigen Sie :

- *Sticknadel*
- *Schere*
- *Maßband*
- *Stickgarn*
- *Stickstoff*
- *Bügeleisen*

Die genauen Angaben zu Stickgarn und Stickstoff entnehmen Sie bitte der jeweiligen Anleitung.

Für das Einsticken von Namen z. B. für Handtücher benötigen Sie zusätzlich:

- *Kariertes Papier*
- *Bleistift*

Für das Herstellen von Karten benötigen Sie zusätzlich:

- *Bastelkarton*
- *Klebstoff*
- *Bleistift*
- *Lineal*
- *Zirkel*
- *Papierschere*

Alle weiteren Materialien finden Sie bei der jeweiligen Anleitung.

Schritt für Schritt

So wird eine Ecke am Beispiel des Platzdeckchens (Seite 26/27) gestaltet:

- *Kanten 1 cm nach innen umknicken (Ziffer 1), dabei Fadenlauf beachten.*
- *Kanten 5 cm nach innen umknicken (Ziffer 2), dabei Fadenlauf beachten.*
- *Ecke diagonal abschneiden (Ziffer 3).*
- *Ecke diagonal nach innen umknicken (Ziffer 4).*
- *Kanten nach innen legen und feststecken (Ziffer 5).*

Die grafische Darstellung der Arbeitsschritte mit Ziffern finden Sie auf dem Vorlagenbogen.

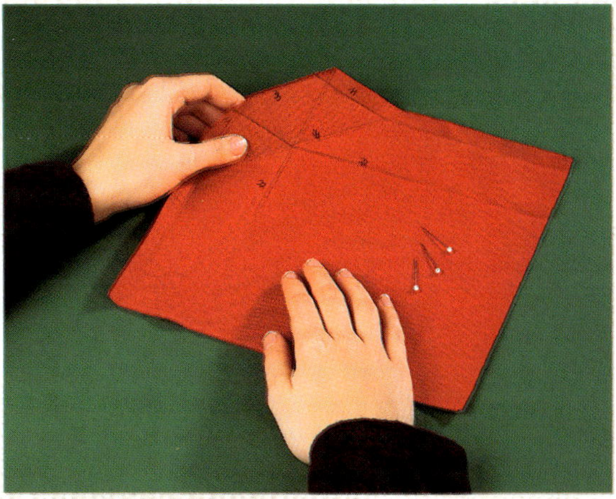

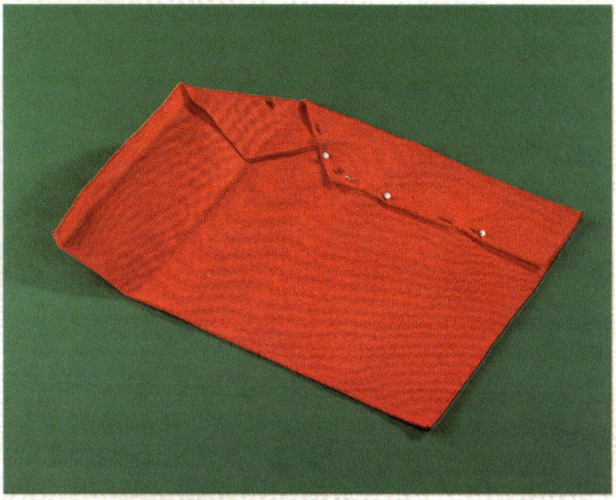

Mustertuch „Dezember“

- *Stoff: 12er Leinen, 40 cm x 50 cm*
- *Holzrahmen: 30 cm x 39 cm*
- *Garn: Rot, Grün und Dunkelgrün, Blaßgelb, Goldgelb, Weiß, Dunkelbraun, Rotbraun, helles Rotbraun, Mittelblau, Dunkelblau, Hautfarben, Pink, Violett, Flieder hell und dunkel, Lila hell und dunkel, Rosa, Schwarz, Gold*

Beginnen Sie mit dem äußeren grünen Rahmen des Bildes in 6 cm Abstand zum Stoffrand. Der Lichtkranz der Kerzen und der am Kopf des Jesuskindes werden zunächst in Blaßgelb, dann in Gold im Steppstich gearbeitet. Auf dem Vorlagenbogen ist der Lichtkranz ebenso wie die anderen goldenen und schwarzen Konturen mit einer durchgehenden Linie eingetragen. Das Muster auf den Lebkuchen wird mit einem weißen Faden, die Lichter der Kerzen am Baum werden in Goldgelb und die der kleinen Engel in Gold (doppeltes Kreuz) eingestickt. Die Augen der Figuren werden mit einem schwarzen Faden (Knötchen), die kleinen Kugeln an der Girlande mit einem roten Faden (Knötchen) gestickt.
Beim Schriftzug „Dezember“ werden die Kreuzstiche oft versetzt gestickt. Zur besseren Übersicht wurden sie deshalb auf dem Vorlagenbogen mit Kontur eingezeichnet, im Original aber ohne Kontur gestickt.

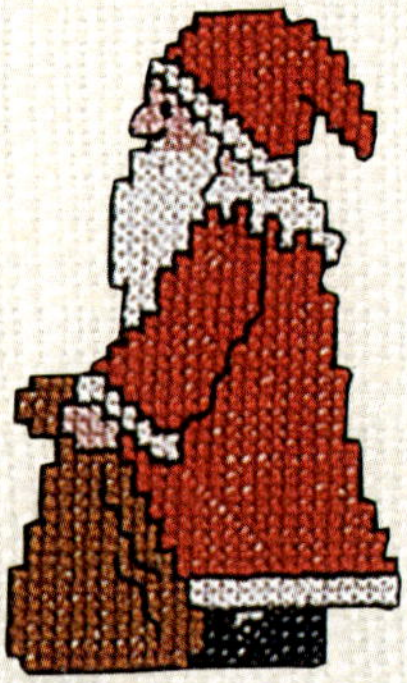

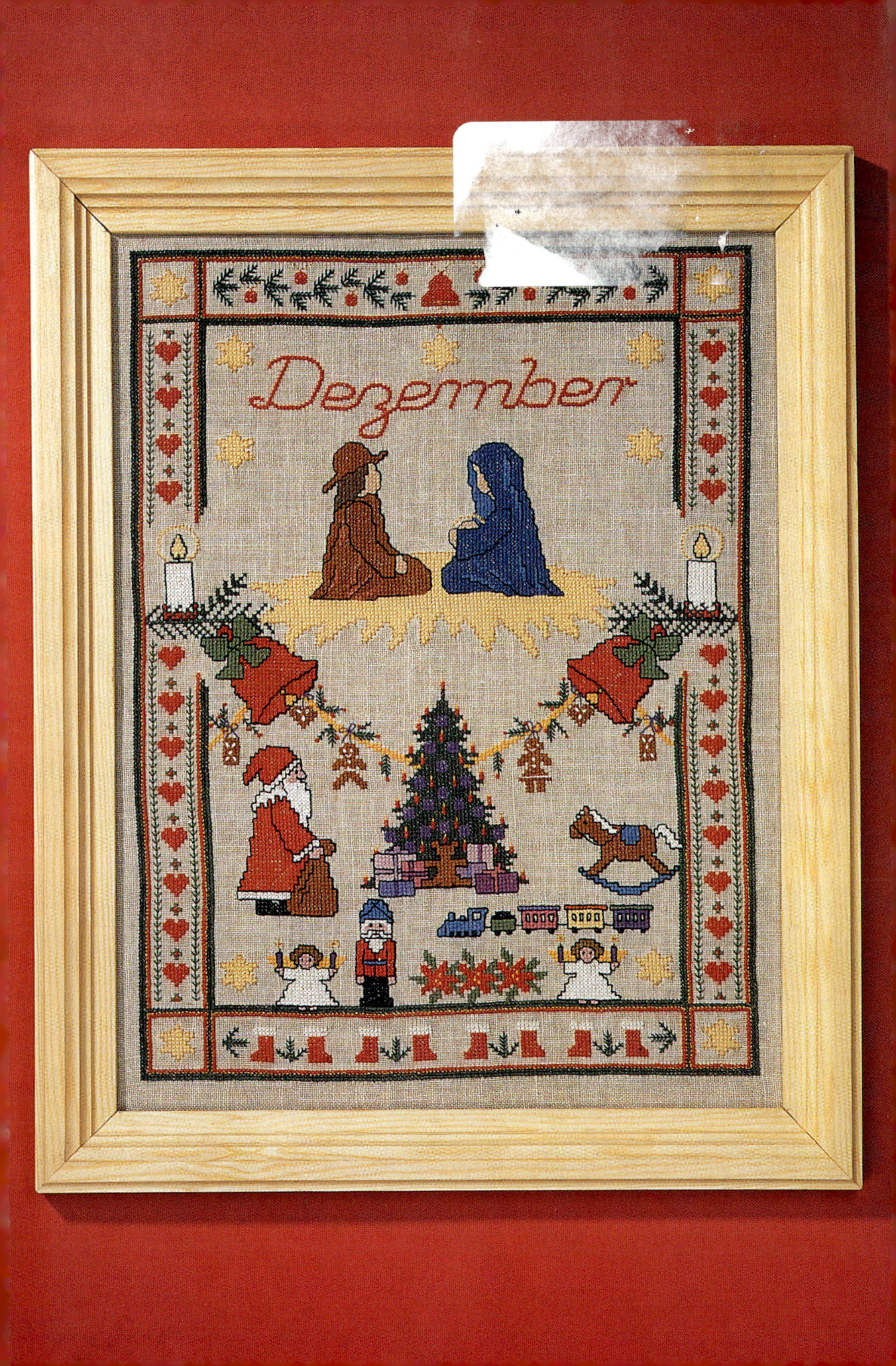
Dezember

Handtücher mit Borte

Die hier in den traditionellen Weihnachtsfarben Rot-Grün gezeigten Arbeiten sehen mit Sicherheit auch in anderen Farbkombinationen gut aus. Richten Sie sich doch bei der Farbgebung nach den in Ihrem Badezimmer vorherrschenden Farben, oder überraschen Sie liebe Freunde mit einem sehr individuellen Geschenk.
Wie auf Borten gestickt und diese auf die Handtücher aufgebracht werden, wird auf Seite 4/5 genau beschrieben.

Grünes Handtuch

- *Borte: 12er Leinen, 8 cm breit, Länge entsprechend der Handtuchbreite abmessen*
- *Garn: Rot, Dunkelgrün*
- *Nähgarn: Oberfaden weiß, Unterfaden grün*

Rotes Handtuch

- *Borte: 10er Baumwolle in Rot, 4,5 cm breit, Länge nach Bedarf*
- *Garn: Weiß*
- *Nähgarn: Rot*

Weißes Handtuch

- *Borte: 10er Baumwolle in Rot mit grünen Randstreifen, 6,5 cm breit, Länge nach Bedarf*
- *Garn: Weiß*
- *Nähgarn: Oberfaden rot, Unterfaden weiß*

Seiflappen in Grün und Rot

- *Borte: 10er Baumwolle in Grün mit rotem und Rot mit grünem Randstreifen, 3 cm breit, Länge nach Bedarf*
- *Garn: Weiß*
- *Nähgarn: Rot und Grün, Ober- und Unterfaden entsprechend der Farbe der Borte*

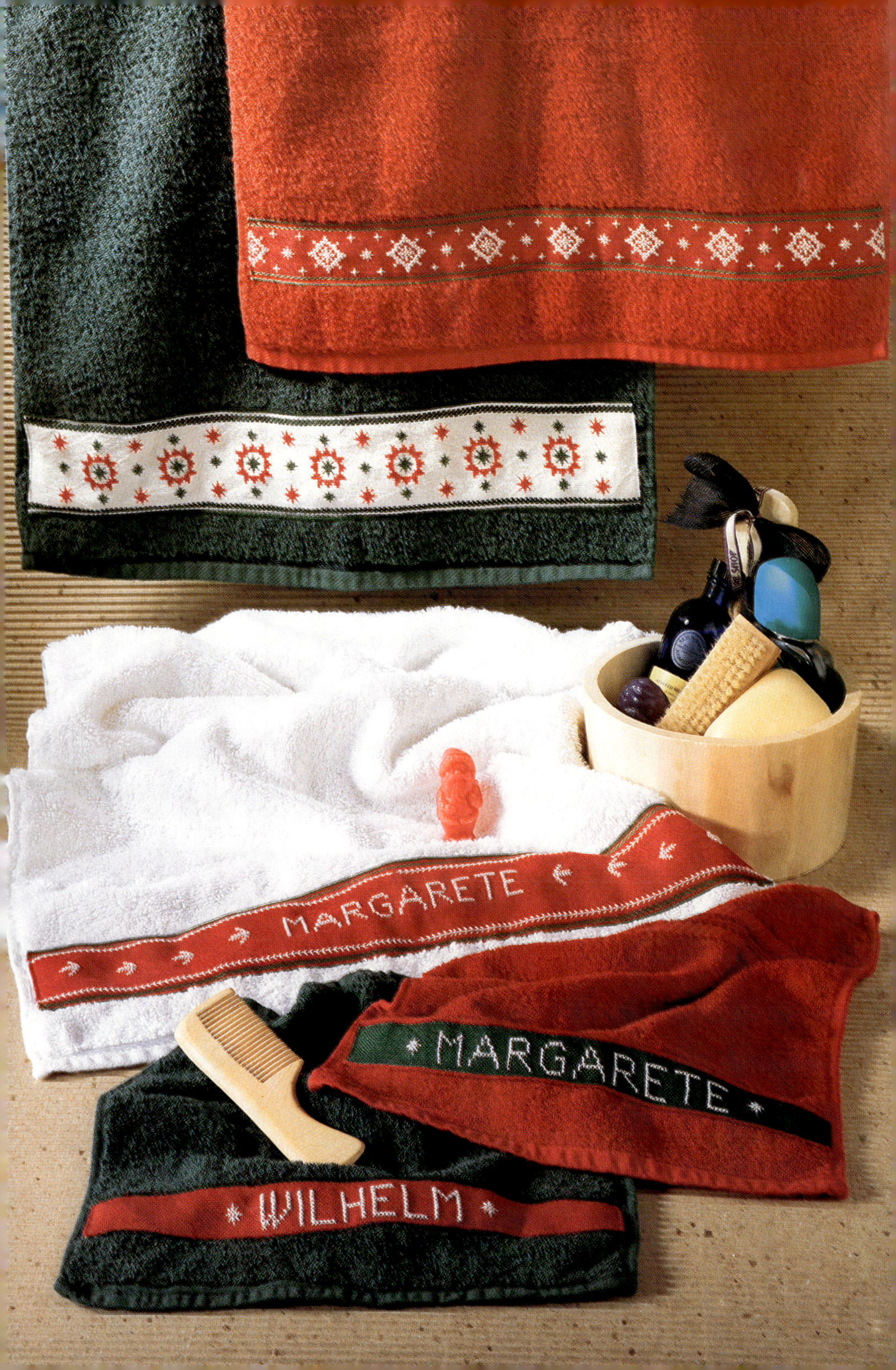
MARGARETE
MARGARETE
WILHELM

Gestickte Kartengrüße

Die Karten rechts und die kleinen Kärtchen auf den Seiten 16/17 können Sie selbst aus Tonkarton zuschneiden. Die Vorlagen hierfür und für die Passepartout-Ausschnitte finden Sie auf dem Vorlagenbogen. Im Papierwarenladen, Bastelfachhandel und teilweise auch in Handarbeitsgeschäften erhalten Sie fertige Passepartout-Karten.

Große Karten

Karte mit Kerze

- *Stoff: 10er Baumwolle, 6 cm x 7,5 cm*
- *Garn: Rosa, Violett, Mittelgrün, Blaßgelb, Schwarz*

Karte mit Tanne

- *Stoff: 10er Baumwolle, 6 cm x 8 cm*
- *Garn: Dunkelgrün, Grün, Braun*

Karte mit Haus

- *Stoff: 10er Baumwolle in Rot, 7,5 cm x 9,5 cm*
- *Garn: Weiß, Grün, Braun, Schwarz*

Kleine Geschenk-Kärtchen

(Abbildung Seite 16/17)

Die kleinen Geschenkanhänger können Sie aus Stoff-, Garn- und Papierresten anfertigen. Die Vorlagen für den Karton und die verschiedenen Ausschnitte befinden sich auf dem Vorlagenbogen.
Die Vorlagen für den Nikolausstiefel, den kleinen gelben Stern und das Lebkuchenmännchen finden Sie auf der Vorlage für das Mustertuch „Dezember" (Seite 11). Das Lebkuchenmännchen hat hier noch eine weiße Kontur erhalten, beim Stern hingegen wurde die Goldkontur weggelassen.

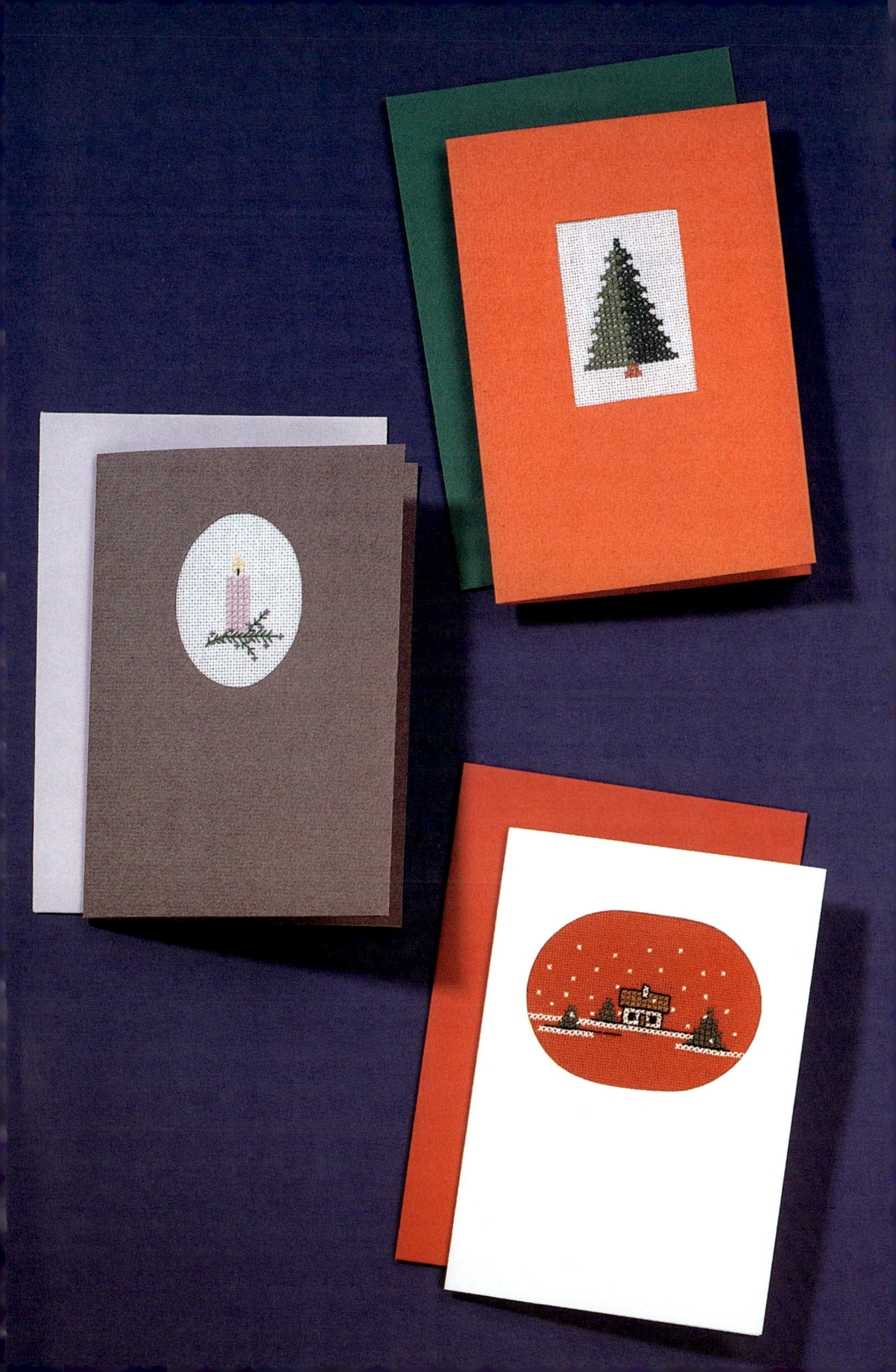

Gestickte Kartengrüße

Kleine Geschenk-Kärtchen

(Anleitung Seite 14)

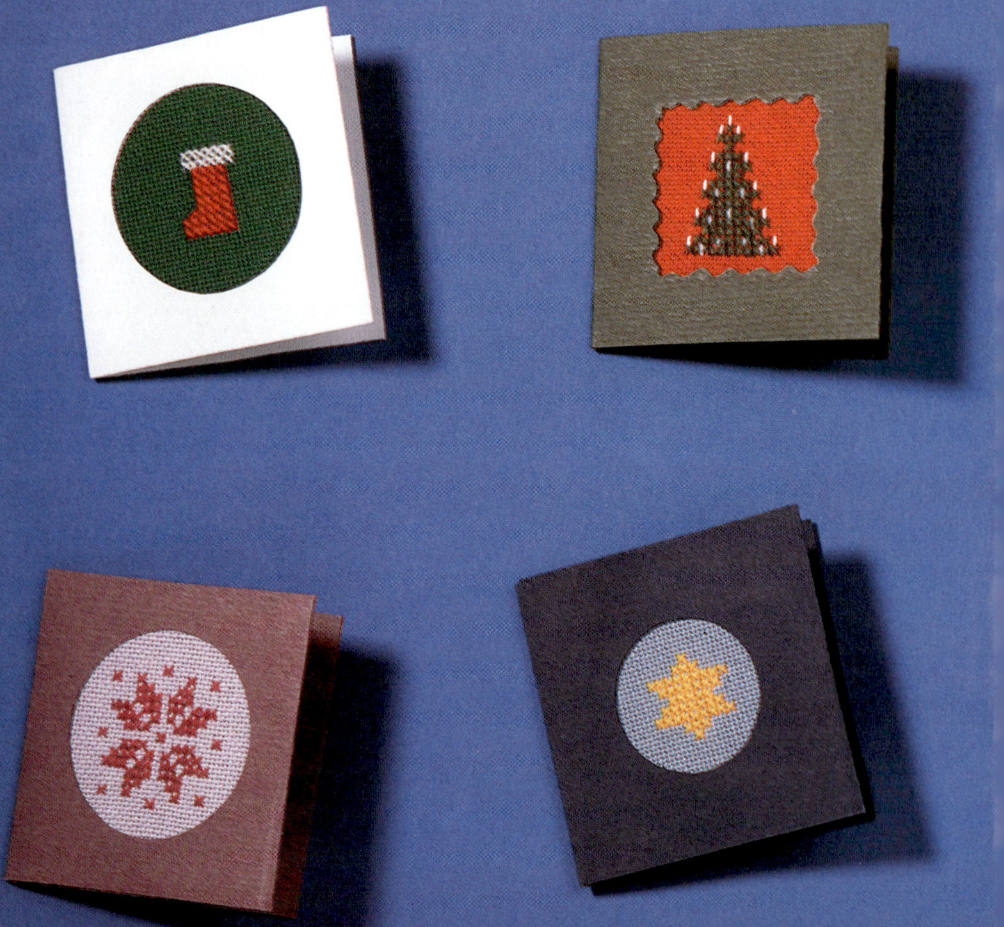

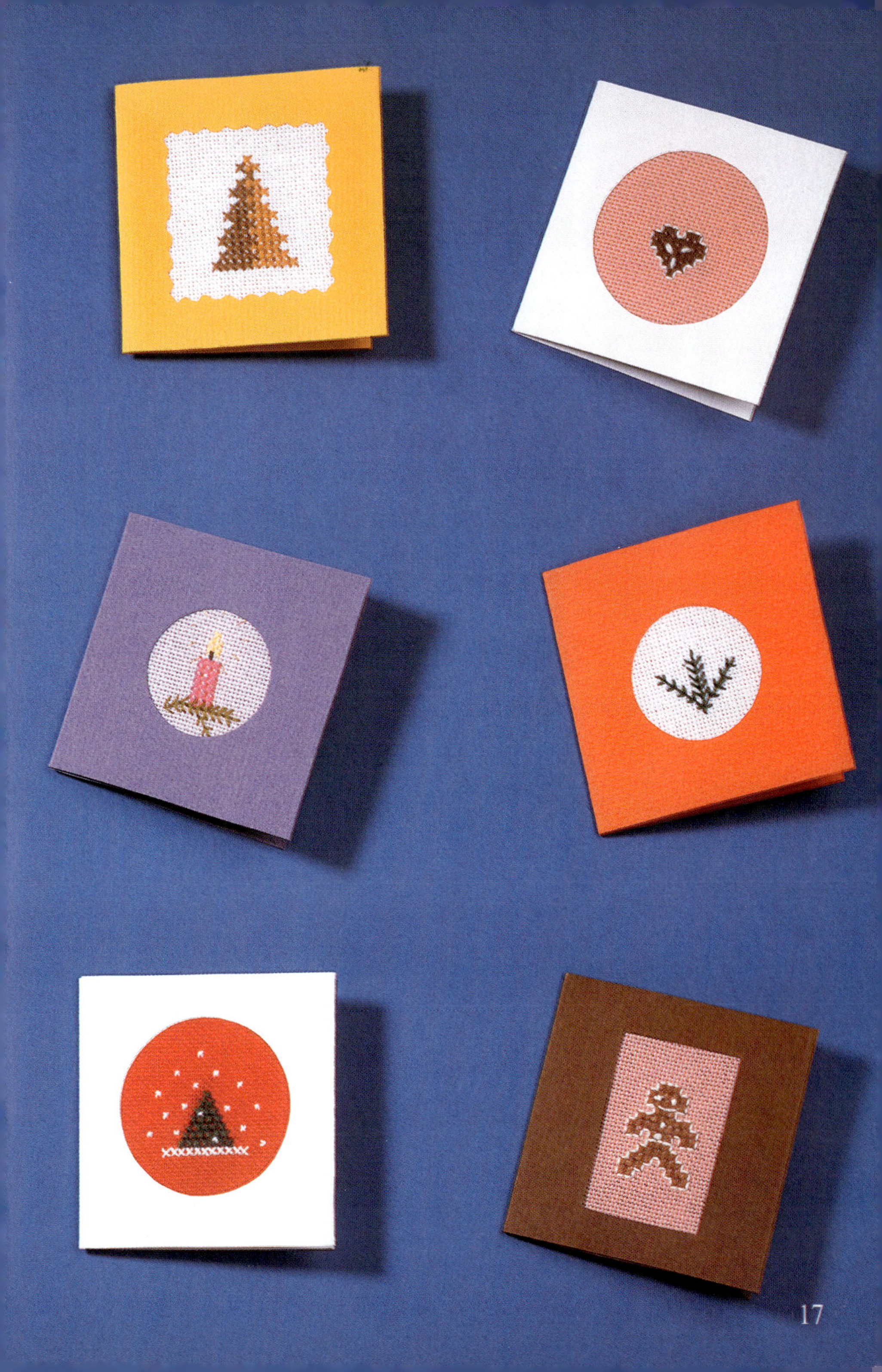

Familie Schneemann

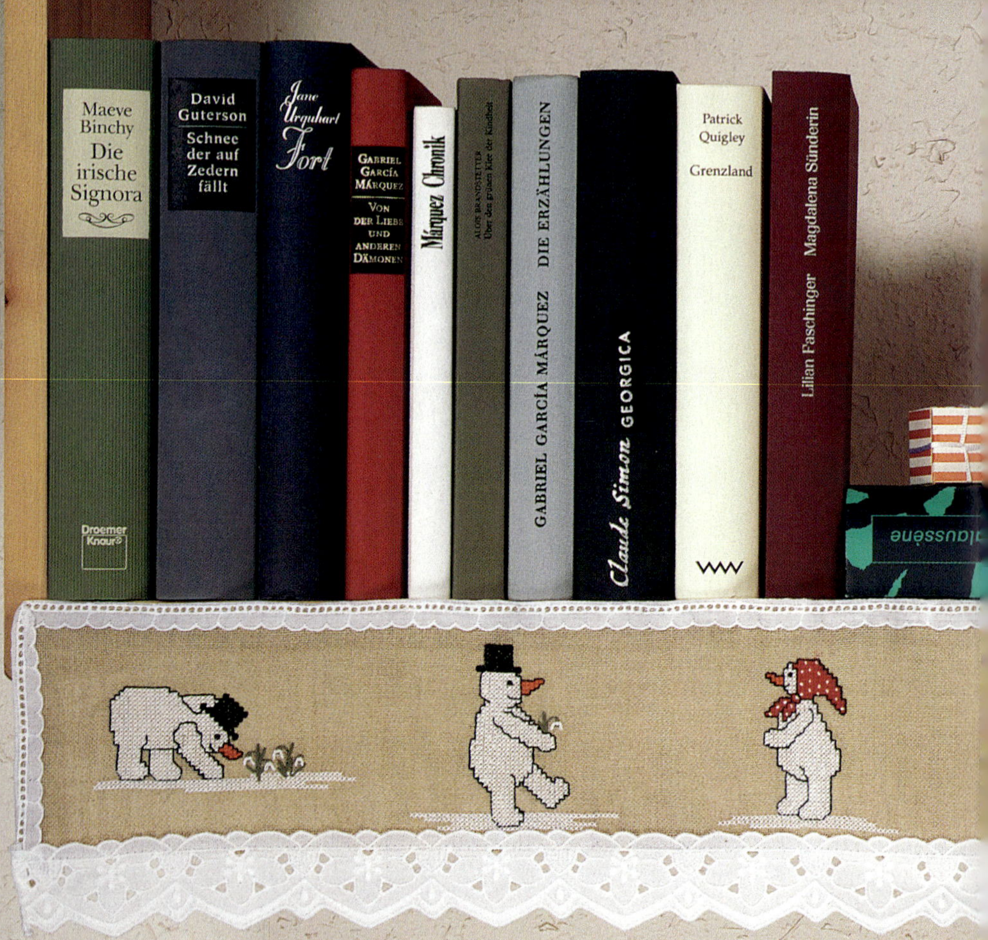

- *Stoff: 10er Leinen, Breite 12 cm, Länge 84 cm*
- *Garn: Weiß, Orange, Rot, Grün, Mittelblau, Schwarz, Dunkelbraun*
- *Spitze: oberer Abschluß und Seiten 110 cm lang, ca 2,5 cm breit, unterer Abschluß 86 cm lang, ca. 4 cm breit*
- *Nähgarn: Weiß*

Die Szenen dieser kleinen Bildergeschichte können Sie auch einzeln rahmen. Sie eignen sich zudem für die Ausgestaltung eines Platzdeckchens oder einer winterlichen Grußkarte.
Auch zur Verzierung eines Hängeregals findet dieses Winterbild Verwendung. Sie sollten dann zunächst die gewünschte Länge ausmessen und ge-

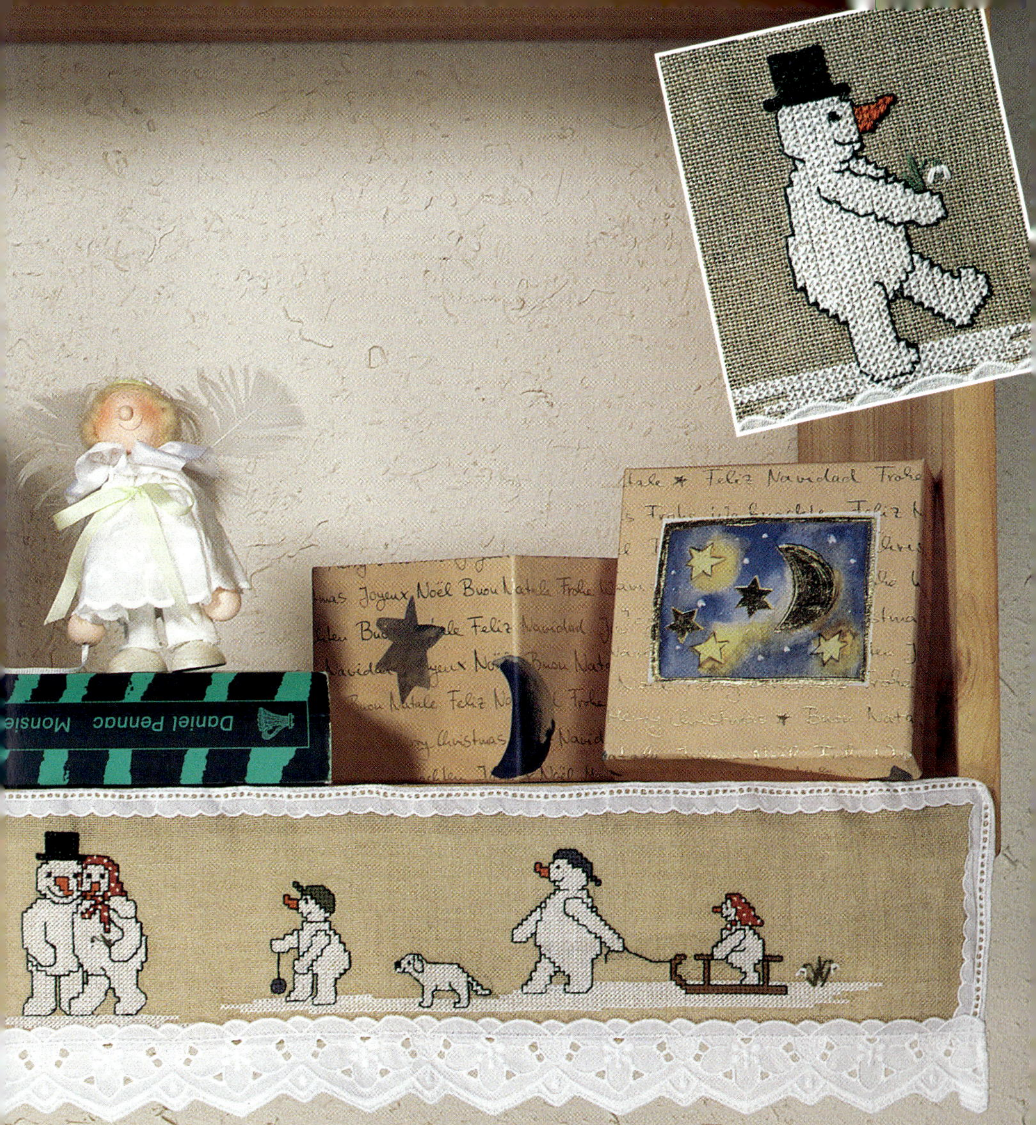

gebenenfalls zwischen den einzelnen Bildern etwas mehr Platz lassen.

Ausführung der Borte

Ketteln Sie den Stoff zunächst ringsherum im Zickzackstich ab. Dann werden die Bilder aufgestickt.

Zunächst wird die Spitze der Seiten- und Oberkanten in einem Stück so angeheftet, daß der Rand des Leinenstoffes auf der Vorder- und Rückseite umschlossen wird. An den Ecken wird die Spitze eingeschlagen. Heften Sie die untere Spitze ebenfalls auf, und steppen Sie beide Teile ringsherum fest.

Weihnachtliche Borten

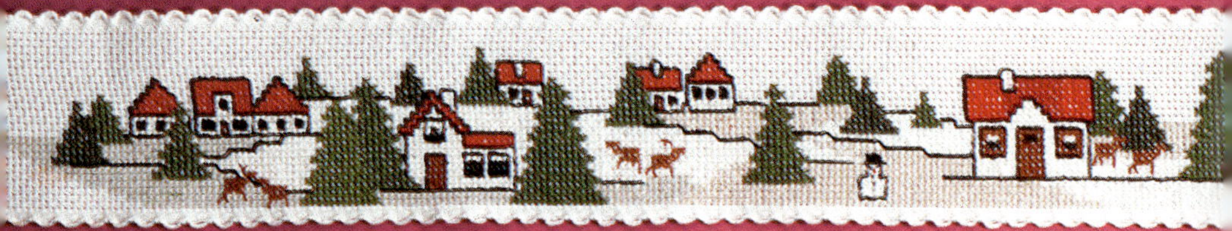

Winterlandschaft

- *Bortenband in Weiß, 5,5 cm breit (26 Stickkästchen), Länge nach Bedarf*
- *Garn: Grün, Dunkel- und Mittelgrün, Rot, Weiß, sehr helles Grau, Hellgrau, Rotbraun, Schwarz*

Dieses Winterbild ist von der mittleren Tanne ausgehend nach beiden Seiten hin gleich gearbeitet. Lediglich die kleinen Rehe und Hirsche wurden unterschiedlich verteilt. Auf dem Vorlagenbogen ist nur eine Hälfte des Bandes zu sehen. Die Gesamtlänge des Motivs beträgt 65 cm; es kann aber auch ganz individuell durch das Hinzufügen einzelner Bildteile oder

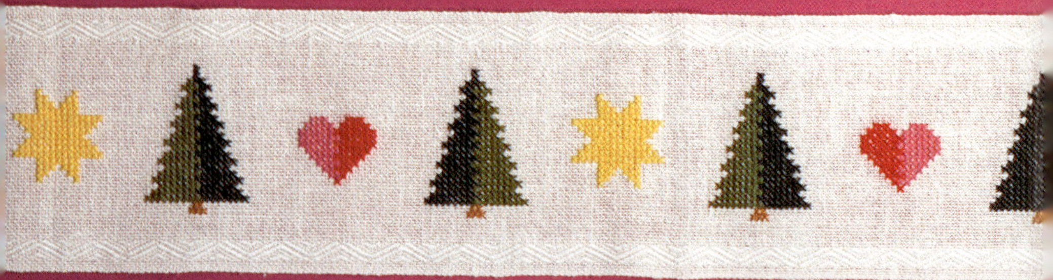

Diese Borten sehen sehr hübsch an Wandregalen und in Vitrinenschränken aus. Die Borte mit Tannen, Herzen und Sternen eignet sich auch als Randverzierung für eine Tischdecke.

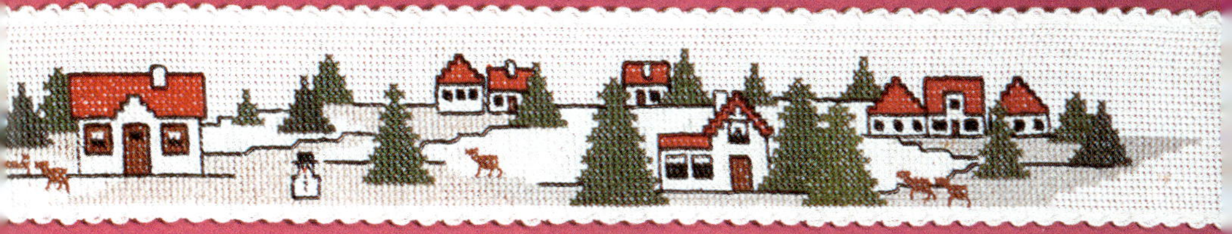

eigener Fortführung verlängert werden. Messen Sie vor dem Kauf die geforderte Länge des Bandes genau aus, und geben Sie an jedem Ende ein paar Zentimeter zum Befestigen hinzu.

Bäume, Sterne, Herzen

- ✗ *Borte: 10er Leinen, 8 cm breit, Länge nach Bedarf*
- ✗ *Garn: Rot, Pink, Blaßgelb, Grün und Dunkelgrün, Hellbraun*

Beginnen Sie mit der Stickarbeit in der Mitte des Bandes mit dem einfarbig dunkelgrünen Baum, und arbeiten Sie von dort ausgehend zu beiden Seiten hin.

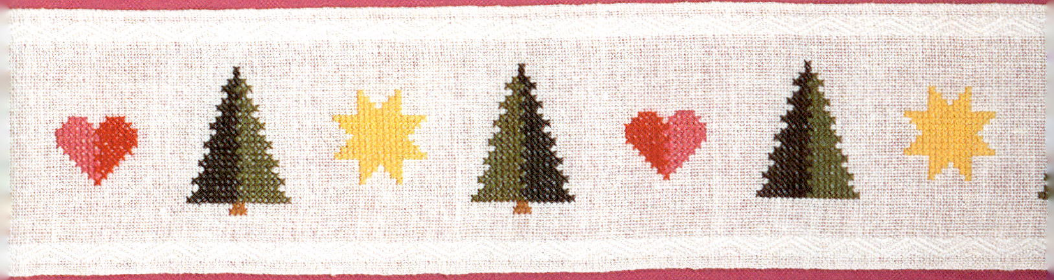

Weihnachtliche Galerie

✗✗✗✗✗✗✗✗✗✗✗✗✗✗✗✗✗✗✗✗✗✗✗

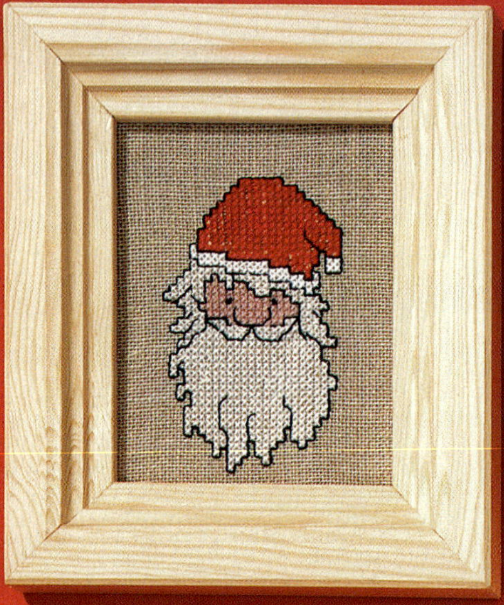

Weihnachtsmann

- *Stoff: 10er Leinen, 11 cm x 13 cm*
- *Garn: Rot, Weiß, sehr helles Grau, Rosa, Schwarz*
- *Holzrahmen: 7 cm x 9 cm*

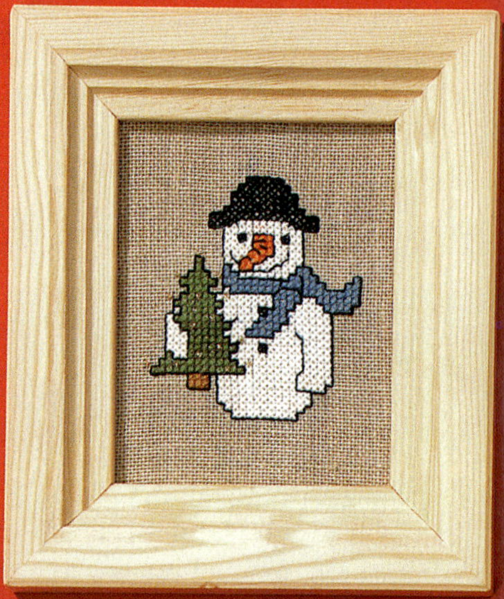

Schneemann

- *Stoff: 10er Leinen, 11 cm x 13 cm*
- *Garn: Weiß, Orange, Mittelblau, Grün, Hellbraun, Schwarz, Gold*
- *Holzrahmen: 7 cm x 9 cm*

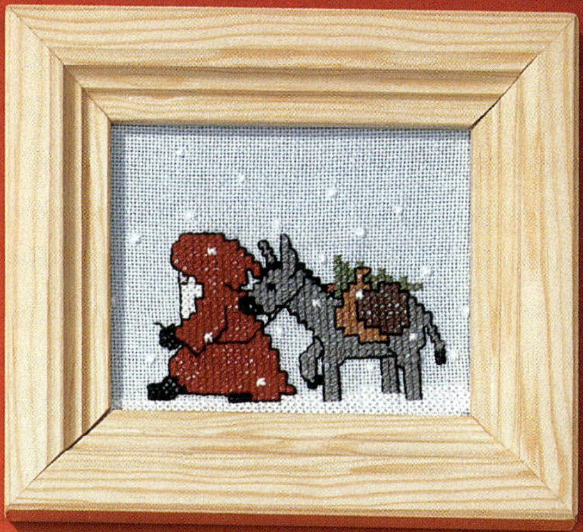

Weihnachtsmann mit Esel

- *Stoff: 10er Baumwolle, 11 cm x 13 cm*
- *Garn: Rot, Weiß, Rosa, Grün, Grau, Hell- und Dunkelbraun, Schwarz*
- *Holzrahmen: 9 cm x 11 cm*

Adventskranz

- *Stoff: 10er Baumwolle, 11,5 cm x 11,5 cm*
- *Garn: Rot, Grün, Gelb, Schwarz, Gold*
- *Holzrahmen: 7,5 cm x 7,5 cm*

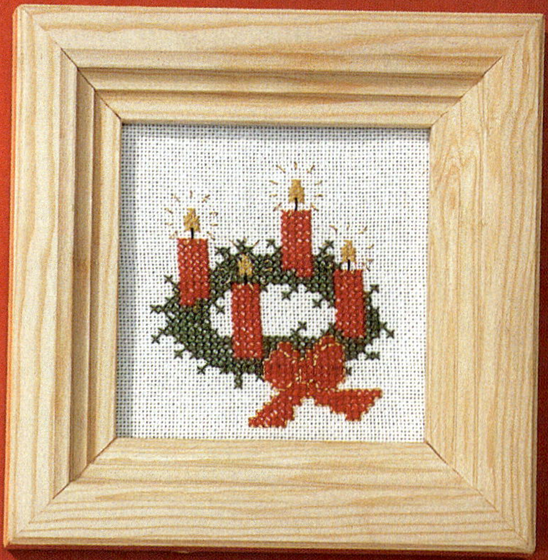

Himmlische Bilder

Für beide Engels-Bilder benötigen Sie:

- *Stoff: 10er Leinen, 11 cm x 13 cm*
- *Garn: Weiß, Blaßgelb, Rosa, Dunkelbraun, Rotbraun, Schwarz, Gold*

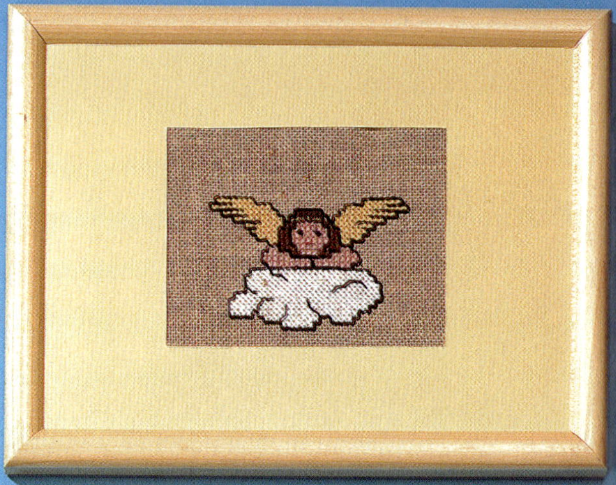

Die Größe des Kartons für das Passepartout wählen Sie entsprechend der Rahmengröße. Die beiden Rahmen hier haben die Außenmaße 14,5 cm x 19,5 cm. Der Passepartout-Ausschnitt mißt dann 7 cm x 9 cm.

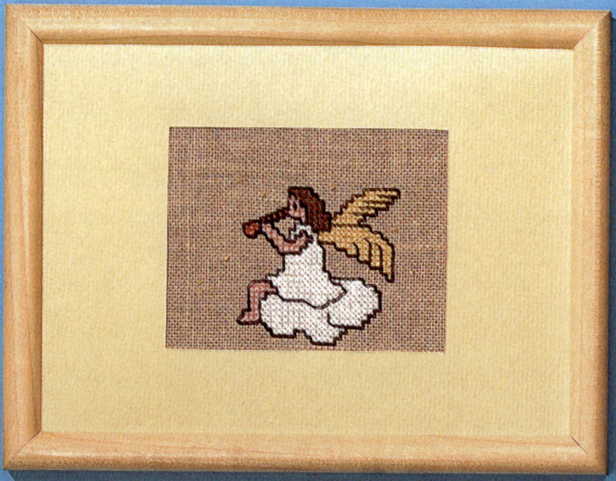

Norweger-Stern (Abbildung Seite 26/27)

✗✗✗

Dieses Muster wird Norweger-Stern genannt. Es wird häufig z. B. in Pullover gestrickt. Aber auch gestickt kommt es gut zur Geltung. Der Norweger-Stern ist eher ein winterliches als ein weihnachtliches Muster und sieht auch in anderen Farbkombinationen, z.B. in Blau-Weiß, schön aus.

Tischband

- ✗ *Borte: 10er Leinen in Rot, 7 cm breit, Länge nach Wunsch*
- ✗ *Garn: Naturweiß*

Einige Geduld wird für solch eine dichtbestickte Borte benötigt. Dafür sieht sie aber auch schön aus und ist vielseitig zu verwenden, z. B. als Tischband, als Verzierung für ein Hängeregal oder als Abschluß für eine Bistrogardine.

Geschirrhandtuch

- ✗ *Stoff: 10er Leinen, 34 cm x 60 cm*
- ✗ *Garn: Rot*
- ✗ *Nähgarn: Naturweiß*
- ✗ *Wäscheband: Rot, 12 cm lang*

Für diese Arbeit wurde Geschirrhandtuchstoff zum Besticken verwendet. Er ist im Fachhandel als Meterware in unterschiedlichen Farbkombinationen erhältlich. Es gibt auch fertig genähte Geschirrhandtücher, die sich zum Besticken eignen. Wahlweise können auch einfache Geschirrtücher mit einer bestickten Borte versehen werden. Die obere und untere Kante wird vor dem Besticken zunächst 0,5 cm und dann 1,5 cm zur Rückseite hin umgeschlagen und mit der Nähmaschine festgesteppt. Bringen Sie das Wäscheband zum Aufhängen an der oberen Kante an. Die Lage der Buchstaben wird mit Hilfe der in der allgemeinen Anleitung beschriebenen Vorgehensweise (Seite 4/5) bestimmt. Beginnen Sie mit dem Norweger-Stern neun Kästchen von dem Ende des jeweiligen Buchstabens entfernt.

Platzdeckchen

- ✗ *Stoff: 10er Baumwolle in Rot, 50 cm x 60 cm*
- ✗ *Garn: Naturweiß*

Anleitung siehe Serviette.

Serviette

- ✗ *Stoff: 10er Leinen in Weiß, 40 cm x 40 cm*
- ✗ *Garn: Rot*
- ✗ *Nähgarn: Naturweiß*

Beim Platzdeckchen und der Serviette wird zunächst der Rand gestaltet. Aus optischen Gründen wurde hier der Rand zur Vorderseite hin umgeschlagen und per Hand mit Stickgarn im Steppstich über vier Fäden aufgenäht. Die schräge Naht der Ecke wurde bei der Serviette mit feinen Nähgarnstichen geschlossen, beim Platzdeckchen aber wie der Rand aufgesteppt.

(Weiter auf S. 27)

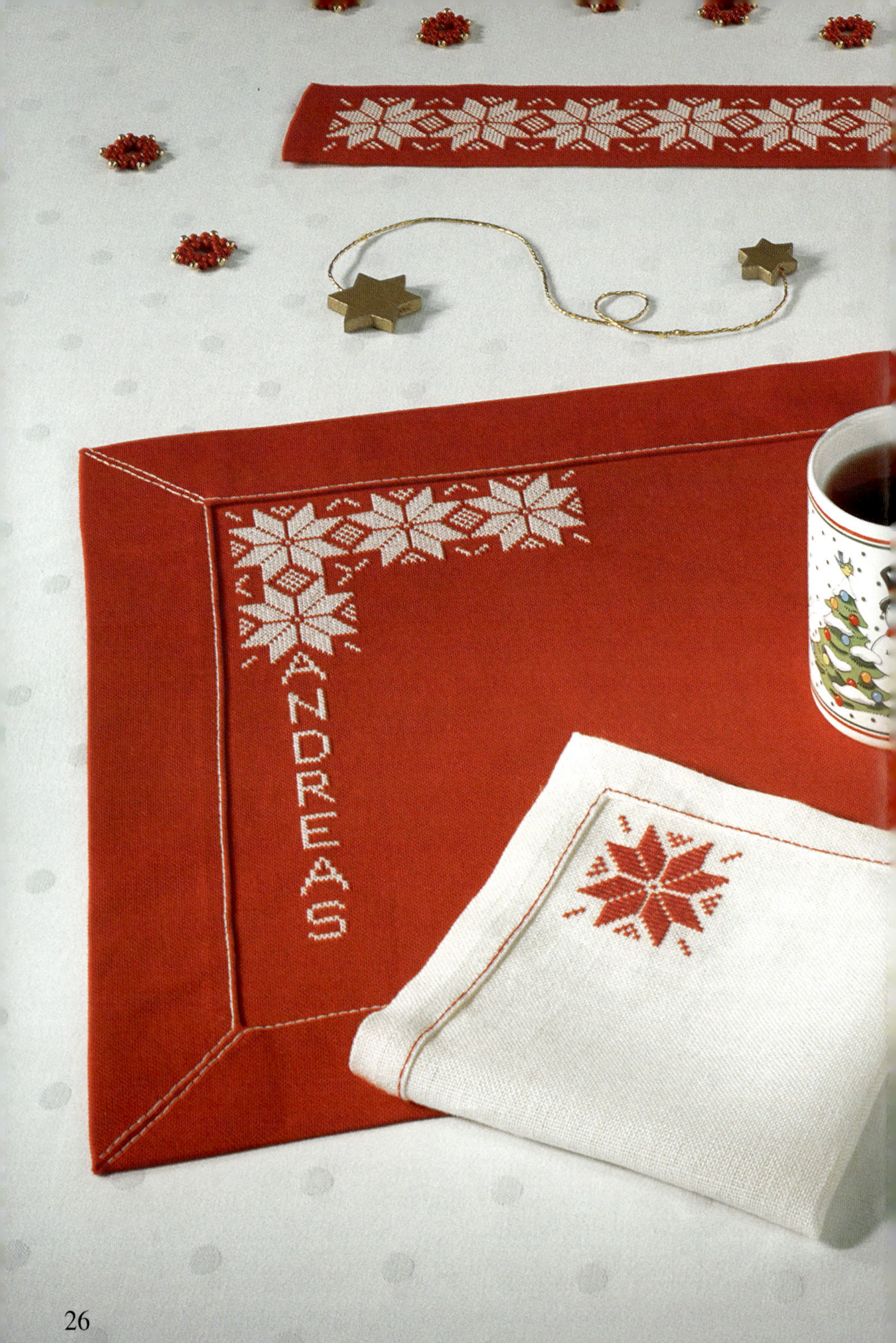
ANDREAS

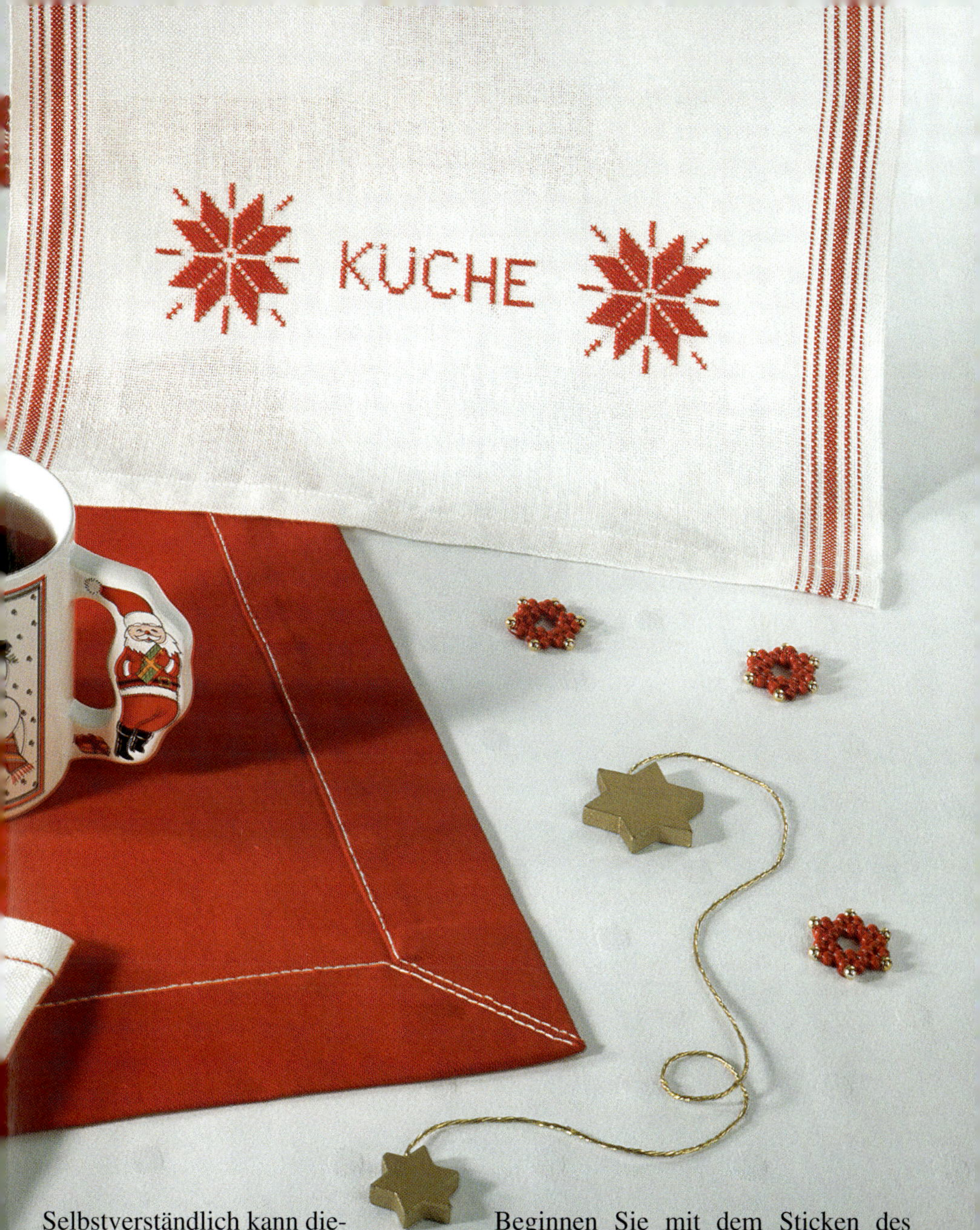

Selbstverständlich kann dieser Arbeitsgang auch mit einer Nähmaschine ausgeführt werden. Die Gestaltung der Ecken können Sie der Schritt-für-Schritt-Anleitung auf Seite 9 entnehmen.

Beginnen Sie mit dem Sticken des Sterns jeweils 6 Fäden von der inneren Ecke entfernt. Das Einsticken des Namens wird in der allgemeinen Anleitung beschrieben.

Tischläufer

- *Stoff: 10er Baumwolle in Weiß, 35 cm x 65 cm (nach Bedarf größer oder kleiner)*
- *Garn: Grün, Rot*

Beginnen Sie mit dem Sticken an einer Ecke, ca. 4 cm von den Außenkanten entfernt. Wenn die Stickborte ringsherum geschlossen ist, können Sie den Rand der Decke ca. 1,5 cm von der äußeren roten Stickreihe entfernt im Fadenverlauf abschneiden und die Querfäden ziehen.

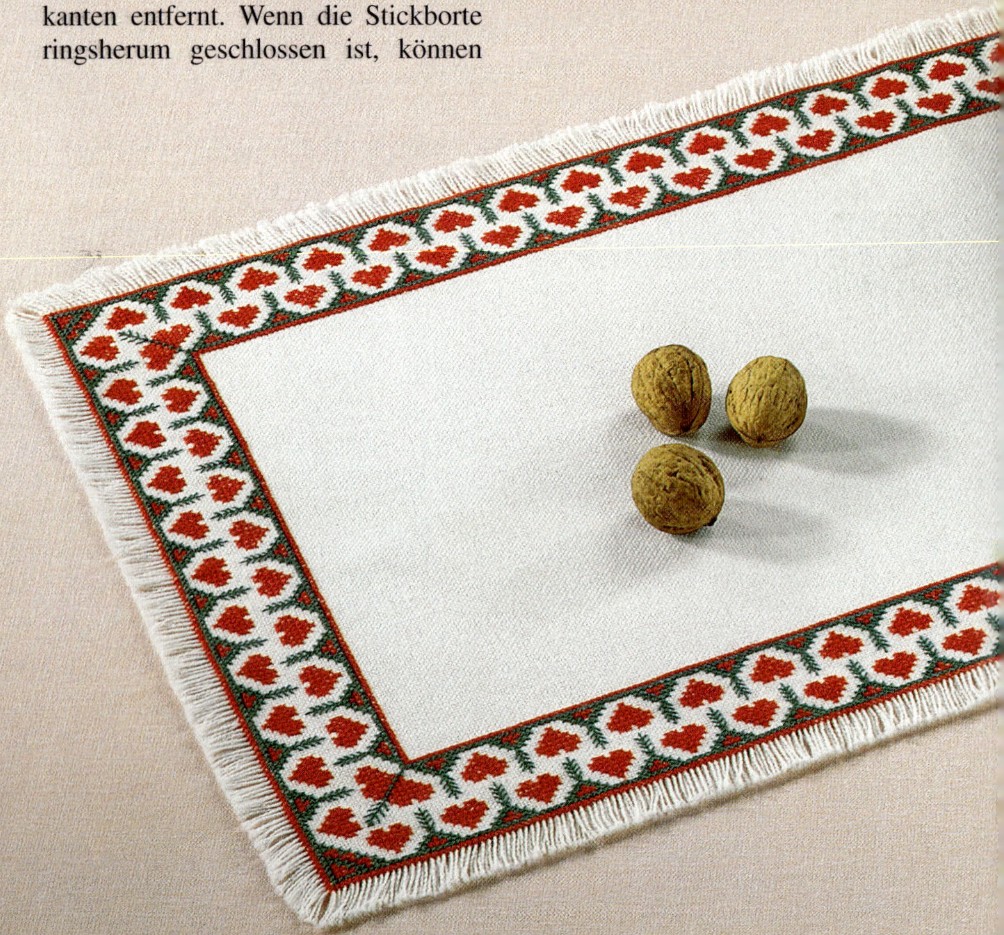

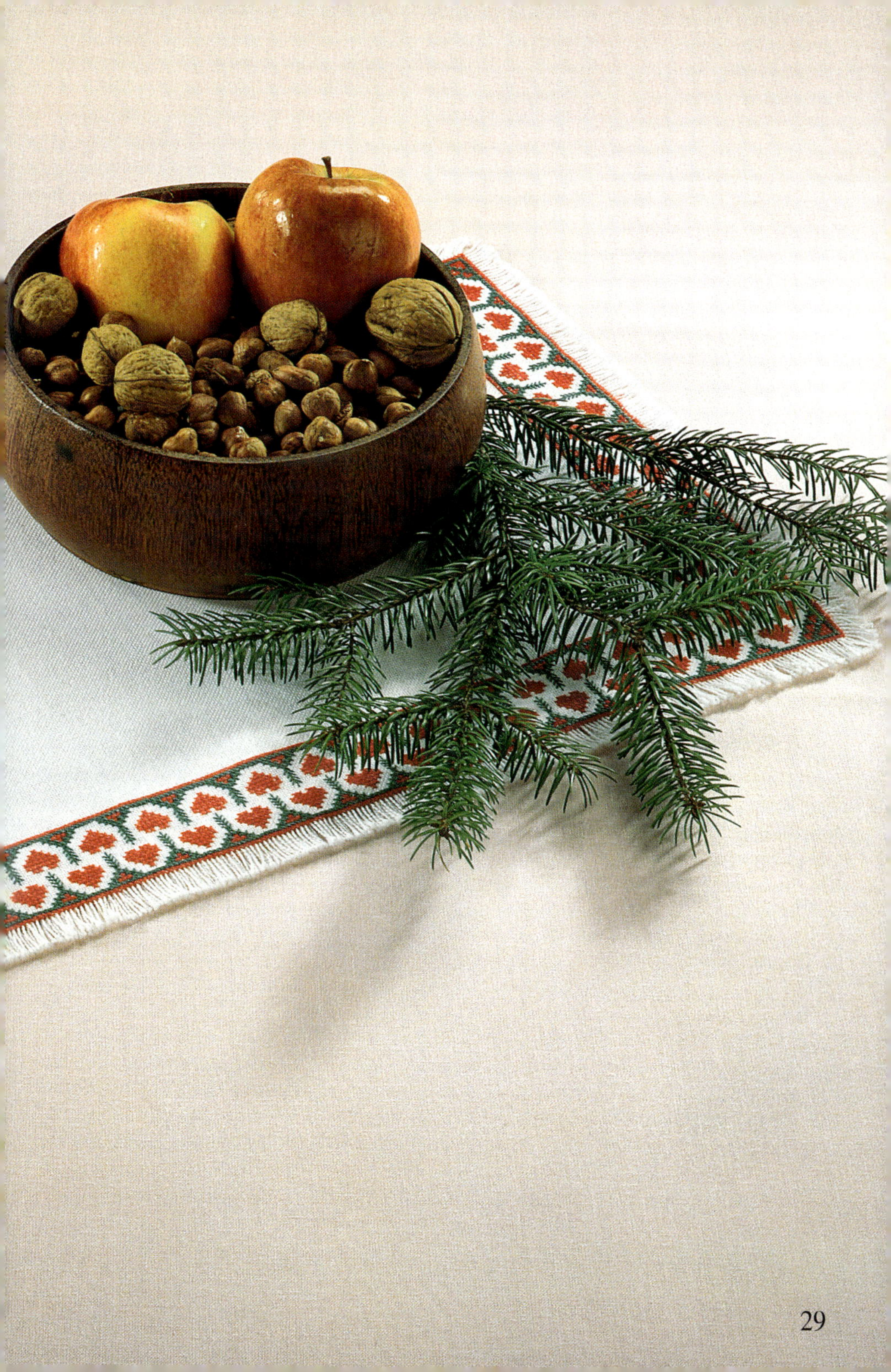

Adventskalender

✗✗✗✗✗✗✗✗✗✗✗✗✗✗✗✗✗✗✗✗

- ✗ *Stoff für Baum und Umrandung: 12er Leinen in Blau, bei einer Stoffbreite von 1,60 m benötigen Sie insgesamt eine Länge von 75 cm*
  Baum: 50 cm x 70 cm
  Seitenteile: 2 mal 12,5 cm x 110 cm
  unterer Rand: 12,5 cm x 85 cm
  oberer Rand: 25 cm x 85 cm
  (Zuschnitt siehe Vorlagenbogen)
- ✗ *Applikationsvlies zum Aufbügeln, 50 cm x 70 cm*
- ✗ *Stoff für den Hintergrund: Naturstoff (100% Baumwoll-Leinenstruktur, 300 g/m²), 125 cm x 85 cm*
- ✗ *Beutel: Borte, 8 cm breit (44 Stickkästchen), 6,48 m lang (27 cm pro Beutel)*
- ✗ *Garn (jeweils auf die Farben der Stoffe abgestimmt):*
  2 Docken in Dunkelblau, 6 Docken in Champagner, 2 Rollen Goldfaden, 1 Rolle goldfarbenes Bändchengarn
- ✗ *Nähgarn: Dunkelblau, Champagner*
- ✗ *Satinband: 8,40 m (35 cm pro Beutel)*
- ✗ *24 Messing-Hohlringe, 15 mm - 20 mm ø*
- ✗ *Goldfarbene Stange für Bistrogardine, ca. 90 cm lang*

Tanne

Kopieren Sie die Umrisse der Tanne vom Vorlagenbogen auf das Applikationsvlies. Aus dem blauen Leinenstoff wird ein 50 cm x 70 cm großes Stück herausgeschnitten (s. Zuschnitt auf dem Vorlagenbogen), auf das Applikationsvlies gebügelt und die Umrisse mit einer Schere ausgeschnitten. Ziehen Sie anschließend das Papier ab. Anhand des Fotos von Seite 31 wird die Position der Tanne auf dem hellen Baumwollstoff bestimmt, und die Tanne wird zunächst mit Stecknadeln, dann mit einem Heftfaden auf der Unterlage befestigt. Verbinden Sie nun durch nochmaliges Bügeln die Tanne mit dem Hintergrund, und nähen Sie diese mit einem enggestellten Zickzackstich auf. Nähen Sie mit goldenen Faden die Hohlringe an den entsprechenden Stellen (s. Vorlagenbogen) mit ein paar Stichen fest.

Beutel

Schneiden Sie die Stickborte in 24 Stücke von je 27 cm Länge, und ketteln Sie die Schnittkanten mit der Nähmaschine ab. Bestimmen Sie, wie beim Einsticken von Namen auf Seite 4 beschrieben, die Position der Zahlen auf den Beuteln, und sticken Sie sie auf. Erst danach werden die Seitennähte geschlossen, der obere Abschluß wird 2,5 cm nach innen umgeschlagen und im Fadenverlauf ca. 7 mm breit abgesteppt.
Statt der Stickborte können Sie auch Leinenstoff verwenden.

Umrandung

Schneiden Sie die Teile der Umrandung entsprechend den Angaben auf dem Vorlagenbogen aus, und ketteln Sie die Ränder mit der Nähmaschine ab. Beginnen Sie mit dem Sticken auf dem unteren Umrandungsteil so, daß

(Weiter auf Seite 32)

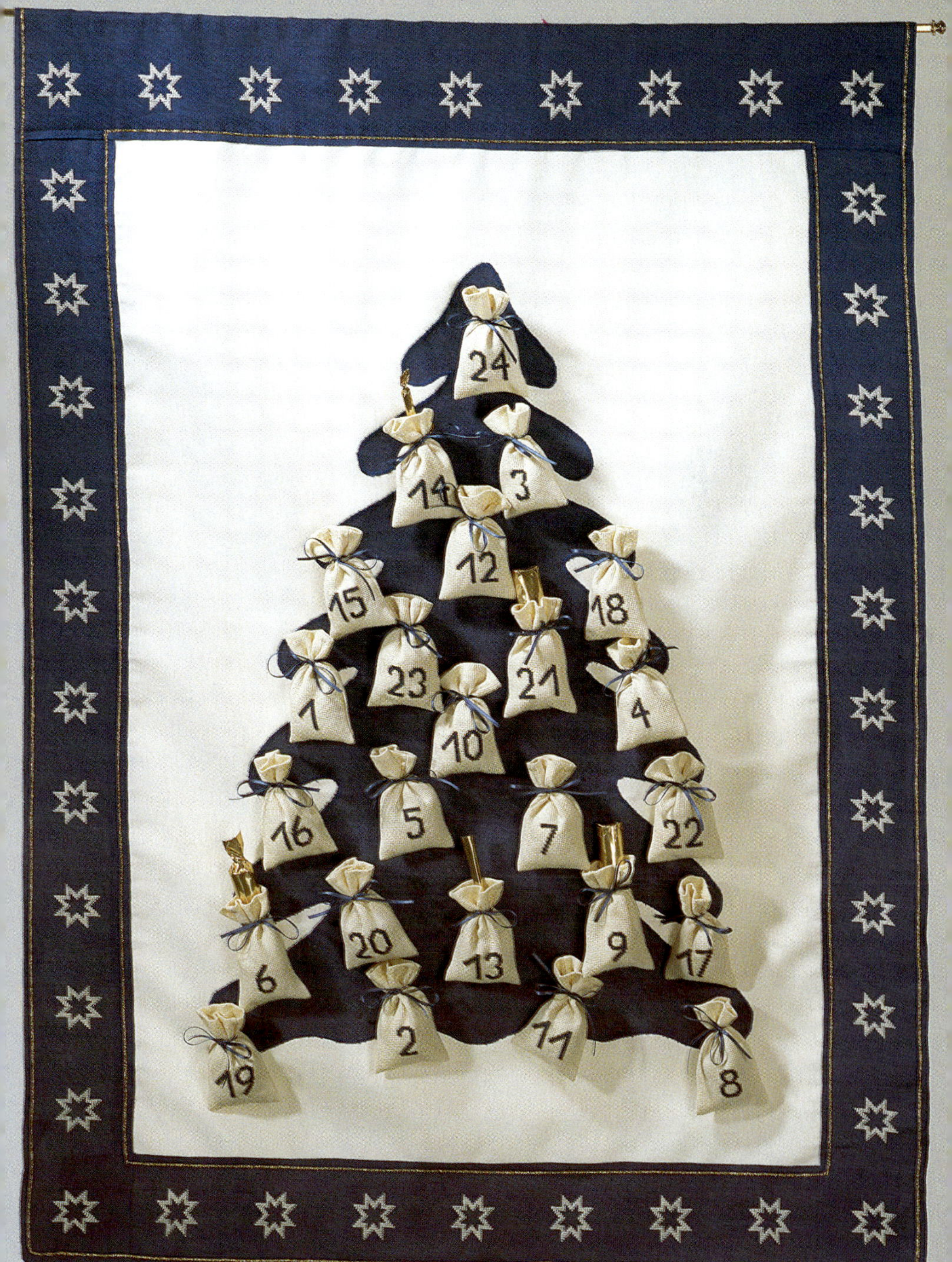
24
14
3
12
15
18
23
21
1
10
4
16
5
7
22
20
13
9
17
6
2
11
19
8

sich die Sterne in der waagrechten und senkrechten Mitte der Umrandung befinden. Insgesamt werden auf diesen Teil sieben Sterne gestickt. Der Abstand zwischen den Sternen beträgt 31 Stickkästchen, also 62 Fäden. Die untersten Sterne der Seitenteile (Sterne in der Ecke) müssen nun so plaziert werden, daß sie denselben Abstand zur langen Seite wie die Sterne auf der unteren Seite zum Rand haben (s. Detail Ecke auf dem Vorlagenbogen).

Die Anzahl der Sterne auf den Seitenteilen beträgt jeweils zehn. Beim oberen Umrandungsteil wird zunächst die waagrechte Mitte am besten mit einem hellen Faden markiert. Der unten liegende Abschnitt wird nun wie beim unteren Rand beschrieben bestickt, wobei jeweils an den Seiten ein Stern (Eckstern) hinzukommt, also insgesamt neun Sterne. Der obere Abschnitt ist für den Schlauch zum Einziehen der Gardinenstange gedacht. Die bestickten Umrandungsteile werden folgendermaßen zusammengenäht: Knicken Sie die nach innen zeigenden Säume im Fadenverlauf zur Innenseite um.

Der Abstand vom Stern zum Saum beträgt 31 Fäden, also die Hälfte des Abstandes der Sterne zueinander. Die Seitenteile werden nun zunächst mit Heftstichen so auf dem unteren Rand befestigt, daß sich wiederum ein gleichmäßiger Abstand der Sterne ergibt (31 Fäden zur Naht auf jedem der beiden Teile, siehe auch Detail Ecke auf dem Vorlagenbogen). Dann wird der obere Abschluß - ebenfalls unter Berücksichtigung eines regelmäßigen Abstandes der Sterne zueinander - auf den Seitenteilen festgenäht.

Fertigstellung

Stecken und heften Sie die Umrandung (innere Seiten) auf den Untergrund mit der Tanne (gleichmäßigen Abstand zur Tanne beachten) fest. Die Außenkanten der Umrandung werden 31 Fäden von den Sternen entfernt zur Rückseite des Wandbehangs umgeschlagen und diese Nähte ebenfalls geheftet. **Achtung:** Die Maße des hellen Hintergrundstoffes sind etwas großzügig angegeben. Deshalb müssen Sie möglicherweise dessen Ränder noch etwas abschneiden. Die Umrandung wird am Innen- und Außenrand doppelt abgesteppt. Beachten Sie bitte dazu die auf der Zeichnung (Absteppen der Nähte) des Vorlagenbogens angegebene Nahtfolge 1-6. Die Pfeile zeigen den Beginn der Naht an. Bevor die 4. Steppnaht begonnen wird, muß der obere Teil der oberen Umrandung zur Rückseite hin umgelegt und vor dem Absteppen so angeheftet werden, daß durch die Steppnaht 4 der Durchzugsschlauch entsteht. Zum Schluß wird das goldfarbene Bändchengarn mit dem dünnen Goldfaden per Hand auf die Steppnähte 2 und 5 (siehe S. 31) aufgenäht. Schneiden Sie das Goldband nicht vor Beendigung des Aufnähens von der Rolle ab. Beginnen Sie bei dem außen liegenden Goldband an der Rückseite des Schlauchs. Bei dem innenliegenden Goldband müssen die Enden 2 cm übereinandergelegt und mit dem Nähfaden miteinander verbunden werden.